LE CLIMAT COMME ARME DE GUERRE

H.A.A.R.P

José Ruiz Watzeck

Mentions légales © 2020/2023 José Ruiz Watzeck

Tous droits réservés

Les personnages et les événements décrits dans ce livre sont fictifs. Toute similarité avec des personnes réelles, vivantes ou décédées, est une coïncidence et n'est pas délibérée par l'auteur.

Aucune partie de ce livre ne peut être reproduite, stockée dans un système de récupération, ou transmise sous quelque forme que ce soit ou par quelque moyen que ce soit, électronique, technique, photocopieuse, enregistrement ou autre, sans autorisation écrite expresse de l'éditeur.

Concepteur de la couverture : Watzeck Jome Studius Digital

TABLE DES MATIÈRES

Page de titre
Mentions légales
PRÉFACE   8
LISTE DES ABRÉVIATIONS ET ACRONYMES   10
ABSTRAIT   11
INTRODUCTION   16
CHAPITRE 1 : GÉOPOLITIQUE   18
CHAPITRE 2 : LA VALEUR STRATÉGIQUE DE L'IONOSPHÈRE   20
CHAPITRE 3 : DÉMARRAGE DU PROJET HAARP   25
CHAPITRE 4 : PREMIÈRE ATTAQUE GÉOPHYSIQUE AUX ÉTATS-UNIS   35
CHAPITRE 5 : OURAGAN KATRINA   40
CHAPITRE 6 : TREMBLEMENT DE TERRE EN HAÏTI   45
CHAPITRE 7 : LE HAARP BRÉSILIEN   53
REMARQUES DE CONCLUSION   57
LES RÉFÉRENCES   59
ANNEXES   61

Une arme capable de déclencher des tremblements de terre et de contrôler la météo est devenue une réalité

"HAARP est peut-être l'expérience militaire la plus dangereuse menée dans le monde à ce jour, à l'exception de la première explosion d'une bombe atomique."

Le magazine Popular Science de novembre 1995 présente un article sur HAARP. Ce magazine normalement léger et divertissant a condamné très fortement ce qui se construit en Alaska. Le rapport indique que HAARP (High Frequency Active Aurora Research Program) administré par le Pentagone, sous la coordination de l'USAF (United States Air Force) via l'Université d'Alaska et l'USNAVY/Naval Research Laboratory pour "comprendre, simuler et contrôler les processus ionosphériques à 550 km d'altitude pourrait révolutionner les communications militaires et les systèmes de surveillance." Il a été lancé en 1990 pour une série d'expériences sur vingt ans. L'équipement est fourni par Advanced Power Technologies, une filiale basée à Washington DC et E-System de Dallas, fabricant de longue date de technologies pour des projets top secrets, et Raytheon Company, une société américaine

Le rapport continue : Richard Williams, physicochimiste et consultant au Laboratoire Sarnoff de l'Université Priceton, est inquiet. La spéculation et la controverse entourent la question de savoir si HAARP pourrait causer des dommages irréparables à la haute atmosphère terrestre. HAARP rayonnera des milliards de watts d'énergie radio dans l'ionosphère et nous ne savons pas comment cela se produira. L'ionosphère est située entre 60 km et 1 000 km d'altitude, et en raison de sa composition, elle réfléchit les ondes radio. Avec des expériences à cette échelle, des dommages irréparables pourraient être causés à la haute atmosphère terrestre en peu de temps.

Selon Popular Science : la représentante de l'État de l'Alaska, Jeanette James, dont le district entoure le site HAARP, a interrogé à plusieurs reprises les responsables de l'Air Force sur les projets, et leur réponse n'a pas été inquiétante. Elle dit : A l'intérieur, j'ai l'impression que ça fait peur. Je suis sceptique. Je ne pense pas qu'ils sachent ce qu'ils font.

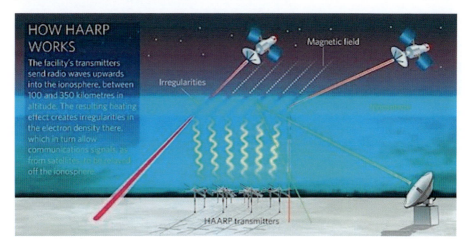

* ARME GÉOPHYSIQUE - HAARP peut provoquer un tremblement de terre en envoyant une fréquence de résonance sismique (2,5 Hz) dans l'ionosphère, l'ionosphère réfléchit cette fréquence vers

la surface de la Terre, pénétrant plusieurs kilomètres dans le sol. Le tremblement de terre est causé par une perturbation du flux de magma et de la croûte terrestre.

* MANIPULATION CLIMATIQUE - Modifiez temporairement la haute atmosphère en excitant des électrons et des ions avec une énergie radio focalisée. HAARP peut modifier la composition moléculaire d'une certaine région de l'ionosphère, augmentant artificiellement les concentrations d'ozone, d'azote, de gaz, etc., pour modifier la température de la haute atmosphère et, par conséquent, le climat de la région. Disons qu'il s'agit d'un "réchauffeur" ionosphérique. Une analogie serait un four à micro-ondes domestique qui chauffe les aliments en excitant ses molécules d'eau avec de l'énergie radio micro-ondes.

* Rayons X au sol - Irradiant les ondes radio dans l'ionosphère qui réfléchissent l'onde vers la surface de la Terre, pénétrant plusieurs kilomètres dans le sol, sondant profondément dans la surface du sol, captant les réflexions à travers les antennes des ondes qui ont rayonné du sol dans l'ionosphère, collectant et analysant les données obtenues pour créer une topographie virtuelle pénétrante de la surface souterraine.

* Radar de détection d'avions furtifs - Envoi d'ondes radio dans les régions de l'ionosphère inférieure et supérieure pour former des lentilles "virtuelles" ou des "miroirs" dans le ciel qui peuvent refléter et détecter des variations dans une large gamme de signaux radio au-dessus de l'horizon et découvrir des missiles et avion furtif.

* Communication terre-sous-marine - Envoi d'ondes de haute puissance dans l'ionosphère, en utilisant l'ionosphère comme réflecteur pour les ondes ELF pour communiquer à de grandes distances avec des sous-marins profondément immergés dans l'océan.

* Bouclier antimissile mondial - Un bouclier antimissile de portée

mondiale qui détruirait les missiles et les aéronefs (y compris les aéronefs civils) en provoquant l'échec des systèmes de guidage électronique en surchauffant ou en perturbant leurs systèmes de guidage électroniques lorsqu'ils volent à travers un puissant champ électromagnétique.

JOSÉ RUIZ WATZECK

Le climat comme arme de guerre

HAARP

Programme de recherche aurorale active à haute fréquence

Le climat comme arme de guerre
HAARP

Programme de recherche aurorale active à haute fréquence

Armes géophysiques, manipulations climatiques. Guerre sans tirer un seul coup.

1ère édition
MARS - 2020
Copyright © 2020 JOSÉ RUIZ WATZECK
Tous les droits sont réservés.

PRÉFACE

Ce travail, vise à réfléchir sur l'influence de HAARP sur le climat local et global de la planète. L'objectif est donc d'en savoir plus sur ces anomalies climatiques, comme les sécheresses prolongées, les pluies torrentielles, les ouragans et les tsunamis. La méthode utilisée a été l'étude de diverses bibliographies sur les phénomènes qui ont bouleversé le monde ces derniers temps. Il était très courant d'attribuer ces phénomènes au "réchauffement climatique". On en sait peu et encore moins cherchent à connaître les nouvelles armes qui interfèrent avec le climat mondial. Les médias ne se font pas un devoir de montrer cela à la population et lorsque certains véhicules décident d'évoquer le sujet, les gens sont plus soucieux de savoir ce qu'est la composition de votre équipe favorite ou l'épisode d'un feuilleton en particulier.
Dans ce contexte, les fondations contenues dans ce projet ont été recueillies à partir de documents officiels nord-américains, publiés sur le site de l'American Defence, Department of Meteorology, (NOAA National Oceanic and Atmospheric Administration), (USGS Geological Survey, Institute of American Seismology), dans

plusieurs revues scientifiques, site Web du Pentagone, (Agence spatiale européenne de l'ESA) livres et opinions de nombreux scientifiques liés au climat, à la météorologie, à la géologie, à la géomorphologie et à la géographie politique.

LISTE DES ABRÉVIATIONS ET ACRONYMES

HAARP -Programme de recherche aurorale active à haute fréquence NOAA - National Oceanic and Atmospheric Administration ELF'S - Ultra-basse fréquence

USGS -Service géologique, Institut de sismologie américaine

Nasa -Administration Nationale de l'Espace et de l'Aéronautique

(Y) -Les rayons gamma, connus sous le nom de rayonnement gamma, sont un type de rayonnement électromagnétique généralement produit par des éléments radioactifs.

(X) -Les rayons X sont un type de rayonnement électromagnétique dont les fréquences sont supérieures au rayonnement ultraviolet, c'est-à-dire supérieures à 1018 Hz.

VOA-Vous d'Amérique

Bbc -British Broadcasting Corporation

VHF-Fréquences radio Très Haute Fréquence de 30 à 300 MHz.

UHF-Ultra haute fréquence, fréquences radio de 300 MHz à 3 GHz.

ELAT -Groupe Électricité Atmosphérique

INPE -Institut national de recherche spatiale.

ALPHA -Ce rayonnement a une charge positive, il est composé de 2 protons et de 2 neutrons.

BÊTA -Le rayonnement bêta a une charge négative, ressemblant à des électrons.

FAA -Armée de l'air américaine.

ESA -Agence spatiale européenne

ONU -Organisations des Nations Unies

ABSTRAIT

Le projet HAARP (High Frequency Active Auroral Research Program) est une recherche financée par l'US Air Force, la Navy et l'Université d'Alaska dans le but officiel de "comprendre, simuler et contrôler les processus ionosphériques qui pourraient modifier le fonctionnement des communications et de la surveillance". systèmes."
Cela a commencé en 1993 par une série d'expériences sur vingt ans. Il s'apparente à de nombreux réchauffeurs ionosphériques existants dans le monde et dispose d'un grand nombre d'instruments de diagnostic dans le but d'améliorer les connaissances scientifiques sur la dynamique ionosphérique.

Il y a des spéculations selon lesquelles le projet HAARP est une arme américaine capable de contrôler le climat en provoquant des inondations et d'autres catastrophes. En 1999, le Parlement européen a publié une résolution déclarant que HAARP manipulait l'environnement à des fins militaires, appelant à une évaluation du projet par Science and Technology Options Assessment (STOA), l'organisme de l'Union européenne chargé d'étudier et d'évaluer les nouvelles technologies. En 2002, le Parlement russe a présenté au président Vladimir Poutine un rapport signé par 90 députés des commissions des relations internationales et de la défense, affirmant que HAARP était une nouvelle "arme géophysique" capable de manipuler la basse atmosphère terrestre.

En mai 2014, l'US Air Force a annoncé que le projet serait terminé. Le projet a été créé par le sénateur américain Ted Stevens, alors qu'il exerçait un grand contrôle sur le budget de la défense américaine.

Lors d'une audience au Sénat américain en 2014, le sous-secrétaire adjoint de l'Air Force pour la science, la technologie et l'ingénierie a déclaré que ce n'était "pas un domaine dont nous avons besoin à l'avenir" et que ce ne serait pas une bonne utilisation des fonds de l'Air Force pour maintenir HAARP. "Nous nous dirigeons vers d'autres moyens d'influencer l'ionosphère, ce que HAARP a vraiment été conçu pour faire", a-t-il déclaré. "Pour injecter de l'énergie dans l'ionosphère et pouvoir réellement la contrôler. Mais ce travail est terminé." Des propos de ce genre sont à l'origine de l'émergence de théories du complot autour du projet, qui a été arrêté mi-2015.

Le site HAARP est situé près de Gakona, en Alaska (lat. 62°23'36" N, long 145°08'03" O), à l'ouest du parc national Wrangell-San Elias. Après avoir réalisé une étude d'impact sur l'environnement, un réseau de 360 antennes a été autorisé à s'y implanter. HAARP a été construit sur le même site que l'ancienne installation radar, qui abrite désormais le centre de contrôle HAARP, une cuisine et plusieurs bureaux. D'autres structures plus petites abritent divers instruments. Le composant principal de HAARP est l'instrument de recherche ionosphérique (IRI), un appareil de chauffage ionosphérique. Il s'agit d'un système émetteur haute fréquence (HF) utilisé pour modifier temporairement l'ionosphère. L'étude de ces données apporte des informations importantes pour comprendre les processus naturels qui s'y déroulent.

Au cours du processus d'investigation ionosphérique, le signal généré par l'émetteur est envoyé au champ de l'antenne, qui le transmet au ciel. A une altitude comprise entre 100 et 350 km, le signal se dissipe partiellement, se concentrant en une masse de plusieurs centaines de mètres de haut et de plusieurs dizaines de kilomètres de diamètre au-dessus du lieu. L'intensité du signal haute fréquence dans l'ionosphère est inférieure à 3 µW/cm2, des dizaines de milliers de fois plus petite que le rayonnement électromagnétique naturel atteignant la Terre depuis le Soleil, et des centaines de fois plus petite que les changements aléatoires de l'ultraviolet (UV) l'énergie qui maintient l'ionosphère. Cependant, les effets produits par HAARP peuvent être observés avec les instruments scientifiques des installations mentionnées,

Le site du projet est situé au nord de Gakona, en Alaska, à l'ouest du parc national de Wrangell-Saint Elias. Une étude d'impact environnemental a permis l'installation de plus de 180 antennes. HAARP a été construit là où se trouvait le radar OVER-THE-HORIZON (OTH). Une grande structure, construite pour abriter l'OTH est maintenant la maison HAARP, la salle de contrôle, la cuisine et les bureaux. Plusieurs autres petites structures sont restées ainsi que d'autres salles d'instruments. Le site HAARP a été construit en trois étapes différentes :

1. Le prototype de développement avait 18 antennes, disposées en trois colonnes sur six rangées. Il était alimenté par 360 kilowatts (kW). Ce prototype transmettait suffisamment de puissance pour les tests ionosphériques les plus élémentaires.

2. Le prototype de développement complet avait 48 antennes, disposées en six colonnes de huit lignes chacune, avec 960 kW de transmission. Il était comparable à d'autres stations de chaleur ionosphérique. Il a été utilisé pour plusieurs expériences scientifiques et ionosphériques réussies au fil des ans.

3. L'instrument de sondage ionosphérique final avait 180 antennes, disposées en quinze colonnes de douze rangées chacune, ayant un gain théorique maximum de 31 dB. Alimenté par une transmission de 3,6 MW, mais la puissance a été tournée vers le haut de manière géométrique pour permettre aux antennes de fonctionner toutes ensemble en contrôlant leur direction. En mars 2007, toutes les antennes étaient installées, la phase finale était donc terminée et le réseau d'antennes était dans une phase de test de performance pour répondre aux normes de sécurité requises par les organismes de réglementation. Le projet a officiellement commencé à fonctionner avec une transmission de 3,6 MW à l'été 2007, émettant une énergie de rayonnement efficace de 5,1 gigawatts ou
97,1 dBW de sortie. Cependant, le complexe fonctionne généralement à une fraction de cette valeur en raison du faible gain d'antenne aux fréquences de fonctionnement standard.

Chaque antenne est constituée d'un dipôle croisé qui peut être polarisé pour effectuer des émissions et des réceptions en mode linéaire ordinaire (mode) ou en mode extraordinaire (mode X). Chaque partie de chaque dipôle croisé est alimentée individuellement par un émetteur intégré, spécialement conçu pour réduire au minimum la distorsion. La puissance effective rayonnée par le réchauffeur est limitée par un facteur supérieur à 10 à la fréquence de fonctionnement minimale. Cela est dû aux fortes pertes produites par les antennes et à leur comportement inefficace.

HAARP peut transmettre sur une onde de fréquences comprises entre 2,8 et 10 MHz. Cette intensité est au-dessus des émissions de radio AM en dessous des fréquences libres. HAARP est autorisé à transmettre uniquement sur certaines fréquences. Lorsque l'émetteur transmet, la bande passante du signal transmis est de 100 kHz ou moins. Il peut transmettre en continu ou en impulsions de 100 microsecondes. La transmission continue est utile pour la modification ionosphérique, tandis que la transmission par impulsions sert à utiliser l'installation comme radar. Les scientifiques peuvent expérimenter les deux méthodes en modifiant l'ionosphère pendant une durée prédéterminée, puis en mesurant l'atténuation des effets avec des transmissions d'impulsions.

INTRODUCTION

Des centaines de phénomènes météorologiques ont dévasté le monde ces dernières années, certains gouvernements attribuent ces phénomènes au programme de recherche aurorale active à haute fréquence
HAARP (High Frequency Active Auroral Research Program), initialement développé pour améliorer les communications radio des forces armées américaines. Cependant, le département américain de la Défense déclare que d'ici 2025, cette expérience sera exclusivement à usage militaire.

L'expérience a commencé dans les années 1994, initialement annoncée au public qu'il s'agirait d'un outil pour améliorer les communications radio entre l'armée de l'air, la marine et leurs centres de commandement. Cependant, ce que les gouvernements d'autres nations prétendent, c'est qu'il est destiné à interférer avec le climat de la Terre. Ses actions agissent à travers la couche atmosphérique appelée ionosphère, car elle est totalement ionisée, c'est-à-dire qu'elle perd et gagne des électrons avec la vitesse, ce qui permet une charge électrique constante.

Selon Smith (2013), l'agent ionisant majeur de cette couche atmosphérique est le soleil, qui émet beaucoup de charge de rayonnement vers la Terre, cependant, les rayons cosmiques suivis des météorites influencent également grandement la composition ionique.

En ce sens, le travail vise à promouvoir la thèse du réchauffement climatique, qui a été discutée dans divers domaines. Grâce à ces études, il a été possible d'arriver à la théorie selon laquelle en déplaçant la couche supérieure de la Terre, elle serait susceptible de modifier le climat de la Terre, et de provoquer des sécheresses prolongées dans certaines régions et des pluies torrentielles dans d'autres ; il pourrait également modifier les itinéraires des ouragans et provoquer des tsunamis dans n'importe quelle partie du monde, conditionnant ainsi les manipulations climatiques.

CHAPITRE 1 : GÉOPOLITIQUE

Lacoste (2010), a écrit le livre "La géographie sert d'abord à faire la guerre", titre qui, dans une édition ultérieure, a été changé par l'auteur en "Géographie - qui sert d'abord à faire la guerre". selon la vision du Géographe, cette science a pour bases principales les finalités politico-militaires sur l'espace géographique, pour produire et reproduire cet espace en vue (et à partir) des luttes de classe, notamment en tant qu'exercice du pouvoir. une science importe peu, en dernière analyse, argumente l'auteur : l'essentiel, selon lui, est que, malgré les apparences mystifiantes, la connaissance géographique a toujours été, et continue d'être, une connaissance stratégique, un instrument de pouvoir étroitement liés aux pratiques étatiques et militaires.

Avec l'évolution du temps, aujourd'hui on ne fait plus la guerre comme par le passé, on passe par des combats à l'arme blanche, à la carabine, au canon, à l'arme nucléaire, à l'arme biologique jusqu'à arriver à la guerre climatique. La géopolitique, en ce sens, n'est ni une caricature ni une pseudo géographie ; ce serait en fait le noyau de la géographie, sa vérité la plus profonde et la plus secrète (LACOSTE, 2010).

Pour Lacoste (2010), dépasser le biais idéologique de la géographie, en ces termes, n'est rien d'autre qu'amorcer une « géopolitique des dominés », une connaissance et une pensée de l'espace dans la perspective d'une résistance populaire contre la domination.

Ce n'est pas l'individu qui occupe professionnellement cette activité mais le processus, le phénomène ou l'énigme du politique comme expérience fondatrice du social-historique et, par là même, du spatial (du moins dans la société moderne).

La politique suggère des lieux théoriques ou des faits institués, avec une intelligibilité présupposée (nous avons l'« espace » de la politique par rapport à celui de l'économie, de la science, de la guerre, etc.), tandis que la politique entend rendre compte aussi de l'instituant et de l'indéterminé du pouvoir comme un rapport social qui va bien au-delà des idées, symboles ou pratiques engendrés par (ou en vue de) l'État et les partis politiques (légaux ou clandestins). La raison d'être de la géographie serait alors de mieux comprendre le monde pour le transformer,

Selon Santos (2011), le monde est formé non seulement par ce qui existe déjà, mais par ce qui peut effectivement exister. Et Monteiro (1953) précise que la Géographie Physique aborde des thèmes qui s'agglutinent, généralement, autour de quatre aspects : la Lithosphère, l'Atmosphère, l'Hydrosphère et la Biosphère.
Naturellement, cette étude ne vise pas à approfondir l'analyse de ces courants de pensée, mais simplement à se positionner par rapport au phénomène que nous souhaitons étudier dans cette étude.

CHAPITRE 2 : LA VALEUR STRATÉGIQUE DE L'IONOSPHÈRE

L'ionosphère est une partie de l'atmosphère, située à seulement 350 km de la surface de la Terre, protégeant la planète du rayonnement cosmique, contenant des gaz de faible intensité (plasma) ionisés par l'effet d'absorption du rayonnement solaire de plus petites longueurs d'onde comme les rayons gamma Y et les rayons X , si énergiques qu'elles sont capables de désintégrer les météorites qui traversent cette couche, donnant naissance aux soi-disant étoiles filantes. Cette « énergie froide » de l'ionosphère a permis l'invention du four à micro-ondes domestique (SMITH 2013).

Les limites, inférieure et supérieure, de l'ionosphère ne sont pas bien définies, cependant, en dessous de 70 km et au-dessus de 1000 km, les processus de production (photoionisation et ionisation corpusculaire) sont compensés par les processus de perte (recombinaison ionique, recombinaison électronique, échange électronique et jonction). Le processus de production d'ions le plus important est le processus de photoionisation provoqué par le rayonnement solaire (UV, EUV et RX). Le plasma ionosphérique est fortement affecté par les changements des niveaux de rayonnement solaire, il présente donc des variations diurnes, saisonnières et du cycle solaire. Le processus de perte de recombinaison est un processus opposé et complémentaire au processus de photoionisation, où les électrons libres, ainsi que les ions positifs, s'unissent pour produire une particule neutre plus un photon. Dans la haute atmosphère, tous les composants chimiques neutres sont extrêmement raréfiés,

Selon Smith (2013), la couche atmosphérique Ionosphère reçoit ce nom car elle est complètement ionisée, c'est-à-dire qu'elle perd et gagne facilement des électrons, ce qui la laisse en conduction électrique constante. Le grand agent ionisant de l'ionosphère est le soleil, qui rayonne beaucoup de charge vers la Terre, mais les météorites et les rayons cosmiques influencent aussi grandement la présence des ions.

Les couches atmosphériques de la Terre [Image Internet]

La densité des ions libres est variable et change selon plusieurs schémas temporels, l'heure de la journée et la saison de l'année sont les principaux points de variation de l'ionosphère. Un autre phénomène intéressant se produit tous les 11 ans, lorsque la densité électronique et la composition de l'ionosphère changent radicalement et finissent par bloquer toute communication à haute fréquence.

Les variations d'ondes au sein de l'ionosphère produisent également le phénomène des aurores, c'est-à-dire les transformations de gaz ionisé de faible densité sous l'effet des variations d'intensité du vent solaire. Ainsi, les aurores boréales et aurores communes apparaissent généralement au passage de la nuit au jour, lorsque le
les particules électriques du plasma sont piégées par le champ magnétique terrestre.

Le plasma de l'ionosphère et ses oscillations électriques sur la Terre déterminent les conditions atmosphériques et météorologiques de la planète et ont également un impact important sur les communications radio. En ce sens, l'ionosphère contribue essentiellement au déplacement des ondes radio émises depuis la surface terrestre, ce qui leur permet de parcourir de grandes distances au-dessus de la terre grâce aux particules ioniques (chargées d'électricité) présentes dans cette couche.

2.1 Concepts théoriques ionosphériques au fil des ans

Le vent solaire 1 est l'émission continue de particules chargées de la couronne solaire. Ces particules peuvent être des électrons et des protons, ainsi que des sous-particules telles que des neutrinos. Près de la Terre, la vitesse des particules peut varier entre 400 et 800 km/s, avec des densités proches de 10 particules par centimètre cube.

L'ionosphère est connue depuis plus de deux siècles, vers 1839, CF Gauss a émis l'hypothèse de l'existence d'une couche conductrice en raison des résultats obtenus dans ses observations du champ magnétique terrestre. Le concept de l'existence de cette couche fut repris en 1902 par AE Kennelly et O. Heaviside pour expliquer le succès de l'expérience de Marconi de transmission d'ondes radio transocéaniques au début du siècle.

Le scepticisme quant à l'existence de la couche conductrice a pris fin en 1925, lorsque EV Appleton et MAF Barnett en Angleterre et G. Breit et MA Tuve aux États-Unis ont enregistré

---

[1]Le vent solaire est l'émission continue de particules chargées de la couronne solaire. Ces particules peuvent être des électrons et des protons, ainsi que des sous-particules telles que des neutrinos.

réflexions des ondes radiofréquences à travers la couche "Kennelly-Heaviside".

Plasma 2partiellement ionisé avec des portions d'atomes et de molécules chargées électriquement par addition ou suppression d'électrons, produisant des ions (atomiques et/ou moléculaires) et des électrons libres. Le principal processus de production d'ions est l'absorption du rayonnement solaire dans le domaine spectral extrême ultraviolet et des rayons X par les constituants atmosphériques.

---

[2].Le plasma est appelé le quatrième état de la matière. Il diffère des solides, des liquides et des gaz en ce qu'il s'agit d'un gaz ionisé, composé d'atomes et d'électrons ionisés dans une distribution presque neutre (concentrations presque égales d'ions positifs et négatifs) qui ont un comportement collectif. On estime que 99% de toute la matière connue est à l'état de plasma, ce qui en fait l'état de matière le plus courant et le plus abondant dans l'univers.

CHAPITRE 3 : DÉMARRAGE DU PROJET HAARP

Officiellement, le gouvernement américain, par l'intermédiaire de l'Agence des projets de recherche avancée du Pentagone (APPAP), a créé HAARP dans le but d'étudier les propriétés de l'ionosphère et de promouvoir des avancées technologiques qui amélioreraient au moyen de décharges électromagnétiques dans sa base au sol sa capacité à améliorer la radio systèmes de communication et de surveillance, créant un bouclier antimissile dense pour bloquer d'éventuelles attaques nucléaires ou une pluie de météorites.

Par conséquent, HAARP vise à développer des technologies qui permettent de minimiser les interférences dans les ondes radio à courte fréquence et les ondes modulées en amplitude en augmentant la densité du plasma ou du gaz ionisé pour améliorer les performances des systèmes de radiocommunication et de navigation maritime et aérienne, qui utilisent les radiofréquences. Il est important de préciser que le Pentagone considère que l'amélioration des radiocommunications en augmentant la densité du gaz ionisé (plasma) est aussi une stratégie militaire.

Au niveau civil, les diffuseurs internationaux, tels que Voice of America (VOA) et la British Broadcasting Corporation (BBC), utilisent toujours l'ionosphère pour renvoyer leurs signaux radio vers la Terre, permettant à leurs programmes d'être entendus dans le monde entier.

De plus, les signaux transmis par les satellites pour la communication et la navigation par satellite (et non radio) doivent traverser l'ionosphère. Selon le site Web HAARP, les irrégularités ionosphériques peuvent avoir un impact majeur sur les performances et le but des systèmes de satellite et de télévision.

HAARP (High Frequency Active Auroral Research Program) est un projet de recherche créé en 1990 pour surveiller les changements dans les ondes dans cette partie de l'atmosphère appelée ionosphère qui absorbe les rayons ultraviolets du soleil et les transforme en ions et électrons, émetteurs radio et ondes telluriques , qui peuvent être modifiés artificiellement par des décharges électrostatiques pour comprimer et rediriger ces ondes à diverses fins. La base de transmission HAARP est située à Gakona, en Alaska, où un réseau de 180 antennes tournées vers le ciel agit comme un puissant émetteur radio haute fréquence (capable de produire 10 mégawatts de puissance lorsque le système fonctionne correctement) utilisé pour modifier les propriétés électromagnétiques dans une zone limitée de l'ionosphère. Les processus qui se produisent dans ce domaine sont analysés par d'autres instruments,

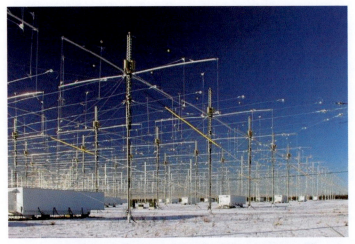
Complexe d'antennes HAAR P [Image Internet]

Mais le HAARP, n'est rien de plus qu'une arme climatique militaire, avec une technologie pour produire des catastrophes naturelles, capable de contrôler les forces de la nature. Il est capable de produire des éclairs, des tempêtes, des ouragans, des tsunamis, des pluies torrentielles et des tremblements de terre, étant possible qu'une superpuissance puisse utiliser toute cette technologie contre ses ennemis. Des catastrophes de ces ampleurs ont toujours été attribuées à des phénomènes climatiques. Cependant, de nouvelles théories sur les actions humaines à l'origine de ces destructions commencent à émerger, telles que : des expériences secrètes ou peu connues qui auraient pour but de créer une nouvelle arme de guerre, c'est-à-dire de manipuler le climat de la Terre. Une telle technologie pourrait transformer les vagues de la mer en tsunamis, comme celui qui s'est récemment produit au Japon, qui pourrait dévaster une ville entière.

3.1 Le début de la théorie des ondes d'Elf au 19ème siècle

Le plus intriguant de tous, c'est que toute cette technologie n'a pas eu son origine dans ce siècle, certaines de ces théories remontent à plus de cent ans, avec le légendaire inventeur Nikola Tesla, considéré comme le père fondateur des armes à énergie dirigée. Et en tant que tel, il a peut-être jeté les bases de tous les types, modifications et stratégies de guerre climatique. Nikola Tesla était un génie excentrique, largement considéré comme un grand rival de Thomas Alva Edison. En 1891, Tesla a inventé un type de bobine de transformateur utilisé jusqu'à aujourd'hui pour générer des courants à haute tension et étudier l'électricité. C'est aussi Tesla qui a inventé le courant alternatif, celui-là même que nous utilisons quotidiennement. Tesla a développé une théorie selon laquelle, à cette époque, il était déjà possible de contrôler le climat grâce à des vagues extrêmement basses, ou ELFE vagues[3], qui sont émis à si bas les niveaux qu'ils ne nuisent pas aux êtres humains.

---

[3]L'extrêmement basse fréquence est l'ensemble des fréquences du spectre électromagnétique comprises dans la gamme de 3 Hz à 30 Hz, générées par des événements naturels ou artificiels, de faible bande passante pour la

transmission d'informations et d'utilisation pratique restreinte.

Nikolas Tesla [Reproduction de photos d'images]

Nikolas avait créé sa théorie selon laquelle si les ondes ELF pouvaient être canalisées dans l'ionosphère dans ses couches supérieures de l'atmosphère, l'homme pourrait changer le climat, créer des vagues de chaleur altérant la structure moléculaire de l'ionosphère, la poussant dans l'espace. Lorsque nous chauffons une certaine région de l'ionosphère, ce processus la pousse vers le haut, crée quelque chose comme une colonne d'espace, et plus l'atmosphère est basse, plus elle remplit cet espace, lorsque cela se produit, les flux des courants-jets dans la région et le système de pression sont modifiés et dans cet aspect, nous pourrions facilement manipuler le climat. Cela signifie que l'ionosphère chauffée, agit comme un barrage géant,

redistribuant la trajectoire des courants-jets4, qui s'écoulent entre 10 et 15 km au-dessus de la surface de la Terre et atteignent des vitesses allant jusqu'à 500 km/h.

Le courant-jet n'est rien de plus qu'un courant d'air concentré à grande vitesse qui déplace des milliards de litres d'eau autour de la Terre. Comme un immense fleuve à 15 000 mètres d'altitude, il déplace toute l'eau de notre planète, pour les pluies et les tempêtes, on pourrait dire que c'est le sang de notre monde.

⁴Les courants-jets sont causés par la combinaison desrotationautour de son axe imaginaire et du réchauffement de l'atmosphère (parradiation solaireet, sur des planètes autres que la Terre, parchaleur interne). Les courants-jets se forment près des limites des masses d'air adjacentes avec de grandestempératuredifférences, telles que larégion polaireet de l'air chaud se dirigeant verséquateur.

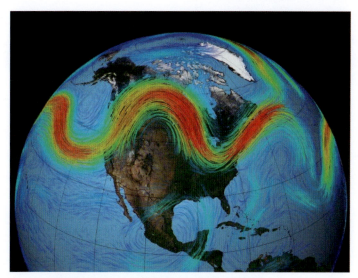

Changements dans les courants-jets

Ainsi, les théories de Tesla de 1891 pourraient créer une nouvelle génération d'armes météorologiques. L'un des principaux objectifs de l'inventeur était de contrôler les éclairs, une fois cette condition atteinte, il serait possible d'éliminer ses cibles de manière simple et rapide.

Selon BEGICH (1997), la capacité de la foudre à émettre des rayons X et des rayons Gamma a été récemment annoncée, avec la publication, en mai, dans les revues Scientific American et Physics Today, entre autres, de résultats concluants de recherches menées en .

Gainesville (États-Unis), à l'International Lightning Research and Testing Center, de l'Université de Floride. Cette découverte ajoute un mystère de plus à la foudre et motive des recherches similaires au Brésil. Cependant, malgré le grand nombre de recherches, les mystères perdurent, ainsi que la peur et la fascination pour les éclairs demeurent.

Les recherches sur la foudre sont aussi anciennes que les recherches sur l'électricité, qui ont toutes deux débuté au XVIIIe siècle. Cependant, bon nombre des processus physiques impliqués dans ces puissantes décharges sont encore mal connus. Les principales raisons en sont la difficulté de prédire exactement où et quand il se produit et la grande variabilité de ses caractéristiques.

Toujours selon BEGICH (1997), des études en laboratoire, les décharges les plus longues jamais générées ne dépassent pas quelques dizaines de mètres, une longueur bien inférieure aux quelques kilomètres d'un éclair typique entre un nuage et le sol. Et des techniques comme l'induction de la foudre dans les nuages d'orage sont limitées à quelques régions (cas de l'utilisation des fusées) ou encore en développement (cas de l'utilisation des lasers).

> Au Brésil, les recherches visant à résoudre ces mystères ont été développées par le Groupe Électricité Atmosphérique de l'Institut National de Recherche Spatiale (INPE), en partenariat avec plusieurs institutions nationales et d'autres pays. Au Centre international de recherche sur les rayons induits et naturels (Ciprin), de l'INPE, situé à Cachoeira Paulista (SP), environ 10 rayons sont induits par an depuis 2000, certains d'entre eux visant à comprendre le processus de connexion entre le rayon et le sol. Cette année aussi ont commencé à être faites des observations de rayons X et de rayons gamma, mais toujours sans succès. Le groupe développe également, avec le soutien de la Fundação de Amparo à Pesquisa do Estado de São Paulo, deux projets. L'un d'eux, lancé en 2003, vise à observer la présence de sprites dans différentes régions du Brésil, ce qui a été confirmé lors de la première campagne, menée dans le Sud-Est en 2003. Apparemment, le phénomène est courant dans les tempêtes associées aux soi-disant fronts froids. Une nouvelle campagne est prévue pour 2006 dans le Sud, afin de vérifier si les sprites sont également fréquents dans cette région, en association avec d'autres types de nuages d'orage, de plus grande extension horizontale. L'autre projet, initié cette année, étudiera les variations des caractéristiques de la foudre dans différentes régions du pays, grâce à l'utilisation de systèmes de détection de la foudre, notamment le Réseau National Intégré de Détection des Rejets Atmosphériques (Rindat). Enfin, le Groupe Electricité Atmosphérique participe à un projet international, nommé Troccibras,

Imaginons maintenant que les cibles de ces rayons soient

des chars de guerre sur un champ de bataille, ou des chasseurs qui survolent une certaine zone, selon les organisateurs de HAARP, qui n'a pas de but militaire, mais des scientifiques du monde entier comme par exemple : Jerry Smith, Nick Begich, Nick Pope entre autres, affirment que les rayons peuvent être une arme dévastatrice dans une guerre. Pouvoir parcourir une distance approximative de 7 km et atteindre la cible avec une température de 27 000 degrés centigrades.

Selon le scientifique POPE (2010), la foudre pourrait tuer un grand nombre de soldats, mais le plus inquiétant est qu'elle provoquerait un court-circuit dans les systèmes électroniques, qui sont de la plus haute importance dans les équipements de guerre. Cela affecterait également les systèmes radar, perturbant et désorientant tout type de communication et de navigation, ainsi qu'interférant avec les logiciels informatiques.

CHAPITRE 4 : PREMIÈRE ATTAQUE GÉOPHYSIQUE AUX ÉTATS-UNIS

En juillet 1976, des coupures de courant dans les systèmes de communication du monde entier sont restées inexpliquées ! Une fréquence étrange a provoqué des interférences dans les transmissions radio, les téléviseurs et les télécommunications, principalement aux États-Unis. Selon l'auteur d'un livre sur les armes climatiques, SMITH (2010), ce signal était une interférence avec dix battements et une pause et encore dix battements et une autre pause. Des scientifiques américains ont alors découvert d'où provenait l'énigmatique signal de l'ex-Union soviétique, et l'ont baptisé (Woodpecker Russian) ou pic russe.

Selon BEGICH (2009), on a donné cette référence car selon les opérateurs le bruit capté, donnait clairement le son du picage d'un pica pau. Sur la base de photos satellites, il a été dit que les Russes avaient secrètement construit un émetteur radio géant, qui émettait des ondes de fréquence extrêmement basse, également appelées ondes Elf, dans l'atmosphère de l'Amérique du Nord, les Russes ont continué à émettre ce signal jusqu'en l'an 1.989, lorsqu'il a été détecté pour la dernière fois.

Selon FARMER (2011), la façon dont le pica pau fonctionnait était comme un énorme radar, qui jouait des millions de watts d'énergie à basse fréquence, et le son qui ressemblait à un tic, apparaissait chaque fois qu'une impulsion était émise, et dans chaque de ces impulsions il y avait une grande quantité d'énergie. Pour l'auteur, les Russes tentaient de se protéger en interceptant un missile balistique lancé dans l'espace, visant l'Union soviétique. Un radar transhorizon pour informer d'une éventuelle attaque américaine serait plausible dans ce contexte.

Cependant, d'autres chercheurs tels que Smith (2010) et Ponte (2008), soupçonnaient que quelque chose de beaucoup plus intrigant se passait, Smith (2010), dit qu'au moment où le signal a été émis, beaucoup de choses étranges se sont produites.

Selon PONTE (2008), en juillet 1982, il a affirmé que le signal provenant de Russie créait des couches d'ionisation artificielle dans la haute atmosphère, la réchauffant, ce qui signifierait qu'il pourrait frapper le courant-jet et modifier la configuration globale des vents, comme l'avait prédit la théorie de Nikola Tesla il y a plus de cent ans.

Smith (2010), il y a eu des centaines de recherches dans des laboratoires militaires, pour améliorer les émissions d'ondes à basse fréquence dans l'atmosphère, et certaines de ces recherches, affirment que oui, il est possible de déplacer le jet.

Complexe d'antennes russes

Le fait est qu'à cette époque quelque chose de très sinistre s'est produit, de 1.987 à 1.992, l'état de Californie, a traversé l'une des sécheresses les plus dramatiques de son histoire, des incendies, son bétail décimé, ses récoltes détruites, le prix des denrées alimentaires a fortement augmenté , la population extrêmement terrifiée et les scientifiques perplexes.

Selon les spécialistes du climat, Smith (2010) et Ponte (2008), les causes étaient des températures élevées, qui ont empêché l'entrée d'humidité dans la région, c'est-à-dire qu'un système anticyclonique s'est arrêté à 1 300 km le long de la côte de l'État, empêchant la normale flux d'humidité de l'océan Pacifique pour atteindre le continent, une anomalie atmosphérique inhabituelle. Normalement, les vents de haute altitude transportent l'humidité vers la côte sud de l'ouest des États-Unis, le courant-jet souffle toujours d'est en ouest, mais selon la NOAA 1999 (National Oceanic and Atmospheric Administration), entre les années 1988 et 1992, pendant la Californie période de sécheresse, une anomalie s'est produite dans le courant-jet. Les vents ont commencé à changer de direction, d'ouest en est au lieu d'est en ouest !

Mais au début de 1995, le jet est revenu dans sa direction normale. Lorsque les Américains ont commencé à remettre en question de telles anomalies, les Soviétiques se sont immédiatement prononcés et ont nié toute implication dans le fait. Pour les Américains, il s'agissait d'une attaque climatique venant des Soviétiques.

Selon le professeur Keane (2009), l'un des principaux éléments des guerres climatiques est le déni plausible, vous ne pouvez blâmer personne, car vous ne savez pas si c'est juste un phénomène ou si nous sommes vraiment soumis.

Begich (2010), déclare que si nous pouvons faire travailler la nature pour nous, nous pouvons augmenter les guerres secrètes et toujours nier toutes les accusations.

Pourtant, les météorologues de la NOAA et du National Weather Service des États-Unis n'ont pas pu expliquer la raison de l'anomalie du courant-jet, peut-être s'agit-il simplement du flux et du reflux imprévisibles de la nature. Coïncidence ou non, les États-Unis ont lancé un mystérieux complexe d'antennes en février 1992, revendiquant des améliorations dans leurs communications radio. Mais le plus troublant est que HAARP n'est pas seulement l'un des projets installés sur la planète, il existe au moins vingt autres centres de recherche similaires à celui-ci, répartis dans le monde et qui opèrent dans des lieux qui aujourd'hui ne sont plus secrets. Les États-Unis possèdent et exploitent trois d'entre eux, un à Fairbanks, un à Gakona en Alaska et un autre à Arecibo à Porto Rico, la Russie en a un à Vasilsursk et l'Union européenne en a un à Tromso en Norvège. S'ils fonctionnent ensemble, ces émetteurs peuvent modifier le jet stream sur toute la planète. Ils peuvent changer la direction du vent, provoquer des tempêtes, des sécheresses, des tremblements de terre, des tsunamis et diriger des tornades et des ouragans en chauffant simplement l'atmosphère et en créant des dômes à haute pression qui pourraient les changer et les diriger n'importe où sur le globe. Cependant, on ne peut pas dire que ces appareils soient utilisés comme des armes météorologiques, mais certains faits éveillent les soupçons comme on peut le voir dans le chapitre ci-dessous.

CHAPITRE 5 : OURAGAN KATRINA

Le 23 août 2005, le Service météorologique national a surveillé une tempête modeste qui se formait aux Bahamas, une phénomène de cette ampleur endommage rarement les bâtiments ou fait des victimes, à cette époque, la tempête était connue sous le nom de "Dépression Tropicale 12". Cependant, il s'est transformé en la plus grande des tempêtes, un ouragan de catégorie cinq, avec des vents allant jusqu'à 280 km, nommé ouragan Katrina, lorsqu'il a frappé la côte du golfe, il est devenu l'une des pires catastrophes de l'histoire américaine, causant des dommages de 81 milliards de dollars. et causant plus de 1 800 morts. Comme d'autres ouragans cette année-là, Katrina a eu des mouvements très particuliers jamais vus dans un ouragan majeur.

La saison des ouragans de l'an 2005 était remplie d'anomalies étranges et surprenantes, elle était remplie de choses qui n'auraient jamais dû se produire, comme beaucoup de trajectoires d'ouragans étaient linéaires, cependant les ouragans ne se déplacent pas en ligne droite.

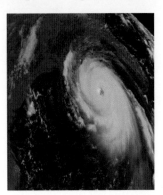 

L'ouragan Katrina arrive sur le continent

Une théorie est immédiatement apparue, Katrina a frappé

les États-Unis avec une force peu commune, en raison des expériences météorologiques russes et chinoises. Selon les météorologues de la NOAA, juste avant de toucher le continent, Katrina a effectué un virage serré à 90 degrés vers la gauche et est descendue sur la plage à une vitesse considérable avant d'atteindre la surface de la terre. Grâce à l'analyse d'images satellites, l'équipe de la National Oceanic and Atmospheric Administration a conclu que l'ouragan était dirigé vers le pays.

Route modifiée à 90º depuis l'ouragan Katrina

5.1 Attaques météorologiques causées par des ennemis

En raison de ces faits présentés par l'équipe de la NOAA, des spéculations ont été créées selon lesquelles des pays ennemis des États-Unis, tels que la Russie et la Chine, ont lancé des ouragans dans le pays comme s'il s'agissait d'un bombardement, d'une attaque climatique, démontrant le potentiel d'être utilisé comme un arme de guerre. Cependant, il n'y avait aucune preuve concluante d'une telle attaque, les Chinois et les Russes, attribuant cette anomalie comme un caprice de l'ouragan.

Contrôler et diriger un ouragan équivaut à avoir la puissance équivalente des armes nucléaires. L'un d'eux à cette même échelle peut être la plus grande arme de guerre qui puisse être utilisée.

Par conséquent, l'année suivante 2.006, quelque chose de très inquiétant s'est produit, selon le service météorologique national américain, aucun type d'ouragan n'a frappé la côte cette année-là, l'armée utilisait le HAAR P, pour prévenir et protéger cette région précédemment touchée par Katrina. Une région anticyclonique irrégulière 5 dans le sud-est des États-Unis conduit à cette conclusion selon plusieurs scientifiques tels que SMITH (2010), PONTES (2008).

Ce dôme de haute pression ne s'était jamais produit auparavant, encore moins stationné dans le sud-est pendant toute la saison des ouragans, mais il s'est répété pendant trois années consécutives. Cela fonctionnait comme un pare-chocs en caoutchouc sur une arcade, chaque ouragan qui s'approchait de la côte était immédiatement déplacé en toute sécurité vers la mer. Au moment où le HAARP a été construit, ce nouveau type de bouclier anti-ouragan est très révélateur. Les météorologues du monde entier disent que la zone de haute pression n'est qu'une anomalie météorologique, l'une des nombreuses qui se produisent dans la nature, mais c'est son intensité qui intrigue les experts. Selon la NASA, il s'agissait de la même haute pression trouvée en Californie à la fin des années 1980 et au début des années 1990.

Un rapport officiel du département américain de la guerre 6 déclare qu'ils vont exploiter et contrôler le climat d'ici 2025, selon l'une des lignes les plus poignantes du document, "La modification du climat est une force multiplicatrice avec un pouvoir énorme qui peut être exploité dans des environnements de guerre. Le rapport 2.025 sur le climat est essentiellement une analyse militaire de ce qui peut être fait, s'il sera utilisé pour faire de la pluie ou des conditions de sécheresse prolongées, l'idée est qu'en 2.025 être manipulé tous les aspects du climat , selon le document, cela indique et exprime clairement comment et pourquoi l'US Air Force devrait dominer le climat, et que cette technologie existe déjà pour être appliquée dans les guerres futures, en utilisant le climat comme une arme.

La justification du journal est la suivante : la meilleure guerre est celle où si vous deviez lancer une attaque, personne ne saurait comment elle a commencé. C'est ce que l'arme climatique offre aux militaires non seulement aux États-Unis, mais dans le monde entier. Avec une échéance de 2 025, l'avenir de la guerre climatique est préoccupant. Le pire scénario est que les satellites dotés de systèmes d'armes ne contrôlent pas le climat de la Terre grâce à leurs informations géographiques, et il pourrait pleuvoir dans les déserts et même neiger ou provoquer une vague de chaleur dans l'Arctique. Si les supposés ennemis américains modifient les courants-jets sous l'Amérique du Nord, ils pourraient plonger le continent dans une autre ère glaciaire selon la NASA.

CHAPITRE 6 : TREMBLEMENT DE TERRE EN HAÏTI

Port-au-Prince, le 12 janvier 2011, le Premier ministre d'Haïti, Jean-Max Bellerive, a déclaré à l'occasion du premier anniversaire du tremblement de terre qui a dévasté Port-au-Prince que la catastrophe avait fait 316 000 morts, 350 000 blessés et plus de 1,5 million de sans-abri . L'ONU estime que le séisme du 12 janvier 2010 a tué 220 000 personnes et fait 1,2 million de sans-abri. Bellerive a souligné à l'époque que le nombre de personnes vivant sous des tentes dans les camps de réfugiés était d'environ 400 000. Selon le premier ministre haïtien, la catastrophe "naturelle" a causé une perte de 7,8 milliards de dollars et tué près de 17% des Haïtiens. Pour Bellerive (2011), « Nous sommes l'un des pays les plus pauvres du monde et nous avons fait un pas en arrière significatif » avec le tremblement de terre.

Selon la presse vénézuélienne, à propos de la cause du tremblement de terre, le journal « Vive » 2010, affirme avoir eu accès à des documents prouvant l'utilisation de HAARP pour manipuler la géophysique des Caraïbes et provoquer les tremblements de terre en Haïti. La catastrophe a fait 316 000 morts, 350 000 blessés et plus de 1,5 million de personnes flagellées.

Infographie du tremblement de terre en Haïti

Le choix de cibler un pays aussi pauvre, les théories du complot ont aussi la réponse à cette question. Selon des journaux de plusieurs pays, les États-Unis avaient besoin d'un endroit pour tester le potentiel de leur nouvelle arme. Les tests océaniques n'ont pas donné suffisamment d'informations et attaquer des ennemis au Moyen-Orient serait un suicide commercial.

JOSÉ RUIZ WATZECK

Couverture du journal ABC

Après tout, les tremblements de terre pourraient détruire des puits de pétrole très précieux. Ainsi, le gouvernement américain a vu en Haïti, un pays déjà dévasté, la cible parfaite pour ses tests. Sans potentiel économique et sans désaccords avec d'autres pays, il n'y aurait guère de crise diplomatique avec la destruction d'Haïti.

Journal O Globo

6.1- Sol fragile, la géométrie du sol a amplifié les dégâts.

Lorsque le tremblement de terre de magnitude sept a frappé la capitale d'Haïti, Port-au-Prince, l'énorme destruction et la perte de vies humaines ont été essentiellement attribuées à deux facteurs, la proximité de la ville avec la faille qui a provoqué le tremblement de terre et la construction de mauvaise qualité qui a permis à des milliers de bâtiments s'effondrer facilement.

Les sismologues savent que la géologie locale peut également affecter la gravité d'un tremblement de terre en élevant les forces sismiques dans certaines conditions, et cela peut s'être produit lors du tremblement de terre en Haïti, car de vastes zones de Port-au-Prince se trouvent sur des couches de roches sédimentaires relativement fragiles, ce qui est propice à amplifier les ondes sismiques. Selon les chercheurs, qui ont présenté leurs découvertes lors d'une réunion scientifique à Foz do Iguaçu (PR), la découverte pourrait être le premier signe d'un système plus vaste de failles géologiques dans la région. Le

La faille d'Enriquillo5, qui traverse la capitale haïtienne de Port-au-Prince, avait initialement été identifiée comme l'origine du tremblement de terre de janvier.

Cependant, à l'aide d'équipements tels que le GPS et le radar, le chercheur CALAIS (2011) et ses collègues de l'Université Purdue ont pu montrer que le schéma de mouvement du tremblement de terre était incompatible avec le glissement sur une faille verticale telle qu'Enriquillo. Les calculs ont montré que la seule façon de relier les données collectées à ce qui s'était passé était de cartographier une nouvelle faille légèrement inclinée à 60 degrés vers le nord par rapport à Enriquillo. Cette faille jusqu'alors inconnue n'a été révélée aux scientifiques que par le tremblement de terre lui-même.

Toujours à Calais (2011), les niveaux d'aléas liés à l'absence de rupture de surface le long de la faille d'Enriquillo ont été le premier indice que le tremblement de terre en Haïti était plus complexe qu'on ne le pensait auparavant.

Au milieu des destructions causées par le tremblement de terre, les scientifiques ont mis plusieurs mois à rassembler des données pour tenter d'expliquer ce qui s'est réellement passé dans le pays.

Calais a déclaré à la BBC que la recherche et l'étude du système de failles géologiques auxquelles la faille découverte peut être associée sont cruciales pour déterminer "le niveau de risque pour Haïti à long terme".

"Le glissement d'une faille lors d'un tremblement de terre modifie le niveau de risque dans la région d'une manière qui dépend de l'emplacement de la faille, de la géométrie et du glissement", a-t-il déclaré. Dans certaines régions, le risque peut être légèrement élevé, dans d'autres, il sera réduit. Des recherches sont en cours sur les conséquences spécifiques du tremblement de terre pour le sud d'Haïti.

Un article publié sur le site Web de la revue Nature Geoscience, devrait aider les scientifiques et les ingénieurs à cartographier les régions des villes, à risque lors de futurs tremblements de terre, un processus appelé micro zonage.

Plaques Tectoniques Région Caraïbe

Hough (2010), a déclaré que les sismologues connaissaient depuis longtemps ce qu'on appelle l'amplification topographique, et que cela pouvait arriver, mais le phénomène était autrefois considéré comme "une sorte de coup de chance". "Ce n'est pas quelque chose que les scientifiques ont pu développer systématiquement", explique-t-il. "Les couches sédimentaires sont mieux connues."

Assimaki (2011), un professeur de Georgia Tech qui a examiné l'article de Hough pour Nature Geoscience mais n'a pas participé à la recherche, affirme que les résultats devraient aider au développement de modèles plus précis des processus d'amplification lors des tremblements de terre.

"D'un point de vue analytique, le problème a été étudié de manière assez approfondie, mais les modèles sont encore assez idéalisés", déclare Dominic. Cependant, de nombreux autres scientifiques continuent d'attribuer cette catastrophe au programme américain.

CHAPITRE 7 : LE HAARP BRÉSILIEN

Au Brésil, nous ne sommes pas exempts de HAARP. Il est installé à Maranhão, à l'Observatoire spatial de São Luiz, et il est également utilisé pour "rechercher l'ionosphère". Tout bon observateur peut voir sur les photos que le complexe d'antennes situé au Brésil est très similaire aux antennes des complexes américains. La vocation de ces antennes disséminées dans le monde est classée "secrète" par les USA, qui ne révèlent que ce qui a déjà été dit : elles étudient et interfèrent dans la couche ionosphérique.

HAR P Brésilien [**Source : INPE**]

Ce qui se passe dans d'autres endroits près du HAARP, se passe aussi au Brésil. Il y a des rapports signalés dans les radars aéronautiques brésiliens de perturbations des fréquences électromagnétiques lorsque la machine est allumée et beaucoup disent qu'on peut même entendre HAARP. Des recherches effectuées depuis des années ont prouvé une relation précise entre l'augmentation des fréquences nocives et les dates d'utilisation du complexe. Dans le cas du Brésil, il est prouvé par l'INPE le lancement de rayons invisibles contre l'ionosphère afin, selon eux, d'améliorer la réception des signaux UHF et VHF dans les régions équatoriales.

Le radar à rétrodiffusion cohérente de 50 MHz (RESCO) a été installé à l'Observatoire spatial de São Luís / INPE, dont l'exploitation a été lancée en août 1998, est capable d'effectuer des mesures de la dynamique du plasma électrojet et des bulles ionosphériques équatoriales. Ce radar a été conçu pour cartographier la turbulence et la dérive électromagnétique d'irrégularités à courte échelle de longueur (trois mètres), dans une gamme de hauteur s'étendant de 90 km à 1000 km de l'ionosphère équatoriale.

De telles irrégularités du plasma exercent une grande influence sur la propagation transionosphérique des ondes radio dans une large gamme de fréquences,

de VHF à UHF, et, par conséquent, influencent toutes les activités de communications spatiales dans la région tropicale brésilienne. La formation, l'o et la distribution spatiale de ces irrégularités sont très sensibles au changement de la météo spatiale, c'est-à-dire la « météo spatiale », en plus des processus convectifs et des tempêtes troposphériques.

Le radar est le résultat d'un développement et d'une construction commencés à l'INPE il y a plusieurs années. Il transmet des signaux pulsés de haute puissance à travers un réseau d'antennes qui a 768 dipôles qui permettent de concentrer toute l'énergie transmise dans un faisceau de rayonnement très étroit. La même antenne capte également les signaux de retour diffusés par les irrégularités ionosphériques. Le maximum transmis

La puissance (120 KW) est obtenue en utilisant un système modulaire de 8 émetteurs phasés pour maximiser la puissance transmise. Le contrôle opérationnel du radar est assuré par un calculateur, qui réalise également l'acquisition, le traitement et le traitement « en ligne » des données reçues de l'ionosphère. Les données enregistrées sont également disponibles pour un traitement et une analyse ultérieurs. Le radar a été utilisé dans plusieurs campagnes d'observation depuis 1998 et a régulièrement collecté des données sur la dynamique de l'électrojet équatorial au cours des dernières années. Ce radar, ainsi que le radar 30 MHz offre de grandes opportunités pour les chercheurs d'étudier la particularité phénomènes de la région équatoriale. Ceux-ci, aux côtés des radars du Pérou (Jicamarca), de l'Inde (Thumba) et de l'Indonésie, sont parmi les rares radars de ce type qui existent dans le monde autour de l'équateur magnétique. En raison de la configuration particulière du champ géomagnétique, la région équatoriale brésilienne présente des caractéristiques très différentes des autres régions. C'est pourquoi la NASA, en collaboration avec l'INPE, a mené à Alcantara en 1994 la campagne GUARÁ au cours de laquelle 26 fusées ont été lancées (de septembre à octobre) pour étudier l'électrojet équatorial et les bulles ionosphériques. Cette campagne a été soutenue par un radar similaire au radar RESCO (qui a été apporté des États-Unis), la digissonde (qui a fourni des diagnostics de l'ionosphère) et les magnétomètres exploités par l'INPE à l'Observatoire spatial de São Luís. Le radar RESCO,

REMARQUES DE CONCLUSION

Il est possible de conclure que le projet énigmatique HAARP a été initialement développé dans le but d'améliorer les communications radio. Cependant, lorsque ses créateurs ont réalisé son potentiel pour changer le climat local et plus tard mondial, ils ont reçu une attention particulière.

Avec des investissements de millions de dollars, d'autres complexes d'antennes ont été construits dans diverses parties du monde, afin d'avoir un contrôle absolu sur le climat. Cependant, le gouvernement nord-américain tient à déclarer que pour le moment, ce n'est qu'à des fins non militaires, d'autres gouvernements le contestent directement. Il y a un débat sur les raisons pour lesquelles les gouvernements investissent des millions de dollars dans une expérience visant à améliorer les ondes radio.

En pratique, aujourd'hui le projet fonctionne sur tous les continents peut communiquer entre eux, le plus étonnant est que le
Le gouvernement américain paie des milliers de dollars pour l'entretien du projet. Il est à noter qu'aucun gouvernement ne ferait un investissement de cette ampleur pour de simples études ou pour une communication radio parfaite.

Les dirigeants nient de telles expériences avec le climat, mais après avoir étudié de nombreuses bibliographies, fait plusieurs recherches sur des sites que je considère pertinents, j'en conclus qu'il est possible cette procédure climatique. Je corrobore avec l'idée qu'aucun gouvernement ne ferait d'énormes investissements pour une meilleure communication radio, ayant aujourd'hui des équipements qui fonctionnent par satellite plus opérationnels. J'en conclus que la puissance qui domine le climat, commandera le monde.

LES RÉFÉRENCES

BARR, R., Rietveld, MT, Kopka, H., Stubbe, P. & Nielsen, E. Nature Ed. 317, pages 155-157 (1985).

BEGICH, NICK. Les anges ne jouent pas à ça, le pouls de la Terre Pr ; 1ère édition (1er juillet 1997 p. 36-41)

ESA, Agence Spatiale Européenne

FARMER, Mark (JOURNALISTE DE L'AVIATION MILITAIRE), 2011

INAN, États-Unis et al. Géophys. Rés. Lett. 31, L24805 (2004)
INPE, Institut National de la Recherche Spatiale.
Journal O GLOBO (2010), Chávez dit que les États-Unis ont provoqué le tremblement de terre en Haïti en testant des armes.

Journal VIVE (2010), vénézuélien, Chavez accuse les États-Unis d'avoir causé le tremblement de terre en Haïti.
John, professeur de politique à l'Universyti in Sydney Australia and Wissenschaftszentrum Berlin für Sozialforschung Germany, WZB (Berlin Center WZB Social Sciences), 2011.
KEANE, Michael (Université de Californie du Sud) 2009,

LACOST, Ives : Géographie - qui sert, d'abord, à faire la guerre, éd. Papirus, édition 16, 2010.
MICHAEL KEANE (UNIVERSITÉ DE CALIFORNIE DU SUD) 2009,
MONTEIRO, CARLOS. UN F. L'étude géographique du climat. Florianópolis: Editora da UFSC, 1999. v. 01. 71 p..
NASA, Administration nationale de l'aéronautique et de l'espace
NATURE, GEOSCIENCE, International Weekly Journal of Science

452, p 930-932 (2008, 2011).

NOOA, NATIONAL OCÉANIQUE ET ADMINISTRATION ATMOSPHERIQUE.

ONU, Organisations des Nations Unies

PINTO, Osmar Jr,. Groupe Électricité Atmosphérique (ELAT), (INPE) Institut National de la Recherche Spatiale 2010 .

POINT, Iwi (CHERCHEUR PENTAGONE), 2008 PAPE, Nick (2010)

PURDU UNIVERSITÉ, INDIANA ÉTAT, ÉTATS-UNIS.

RODGER, CJ ET al. Ann. Géophysique. Éd. 24, 2025-2041 pages 19-23 (2006).

SANTOS, M. Por outra globalização; do pensamento único à consciência universal, Record, édition 19, 2011.

SMITH, JERRY EHAARP, rédacteur en chef : Adventures Unlimited Press (03 mai 2010)

FORGERON, JERRY E. Temps Guerre, Éditeur: Adventures Unlimited Press (11 septembre 2013)

Service géologique des États-Unis

USAID, Unité d'information géographique

ANNEXES

U.S. Patent No. 4,686,605

Welcome to the
United States Patent and TradeMark Office
an Agency of the United States Department of Commerce

United States Patent   4,686,605
Eastlund   August 11, 1987

Method and apparatus for altering a region in the earth's atmosphere, ionosphere, and/or magnetosphere

Abstract

A method and apparatus for altering at least one selected region which normally exists above the earth's surface. The region is excited by electron cyclotron resonance heating to thereby increase its charged particle density. In one embodiment, circularly polarized electromagnetic radiation is transmitted upward in a direction substantially parallel to and along a field line which extends through the region of plasma to be altered. The radiation is transmitted at a frequency which excites electron cyclotron resonance to heat and accelerate the charged particles. This increase in energy can cause ionization of neutral particles which are then absorbed as part of the region thereby, increasing the charged particle density of the region.

Inventors: Eastlund; Bernard J. (Spring, TX)
Assignee: APTI, Inc. (Los Angeles, CA)
Appl. No.: 690333
Filed: January 10, 1985

Current U.S. Class: 361/231; 89/1.11; 244/158R; 380/59
Intern'l Class: H05B 006/64; H05C 003/00; H05H 001/46
Field of Search: 361/230,231 244/158 R 376/100 89/1.11 380/59

References Cited [Referenced By]
Other References

Liberty Magazine, (2/35) p. 7 N. Tesla.
New York Times (9/22/40) Section I, p. 7 W. L. Laurence.
New York Times (12/8/15) p. 8 Col. 3.

Primary Examiner: Cangialosi; Salvatore
Attorney, Agent or Firm: MacDonald; Roderick W.

Claims

---

page 1

Le brevet américain   **4.686.605**
Eastlund   **11 août 1987**

Procédé et appareil pour modifier une région de l'atmosphère terrestre, de l'ionosphère et/ou de la magnétosphère --.

Abstrait

L'invention concerne un procédé et un appareil pour modifier au moins une région sélectionnée qui existe normalement au-dessus de la surface terrestre. La région est excitée par des électrons de chauffage par résonance cyclotron pour augmenter ainsi sa densité de particules chargées. Dans une forme de réalisation, un rayonnement électromagnétique polarisé circulairement est transmis vers le haut dans une direction sensiblement parallèle à et le long d'une ligne de champ s'étendant à travers la région de plasma à modifier. Le rayonnement est transmis à une fréquence qui excite les électrons résonnants du cyclotron pour chauffer et accélérer les particules chargées. Cette augmentation d'énergie peut provoquer l'ionisation de particules neutres qui sont ensuite absorbées en tant que partie de la région, augmentant ainsi la densité de particules chargées de la région.

Inventeurs :	**Eastlund ; Bernard J.** (Printemps, Texas).
Cessionnaire:	**APTI, Inc.** (Los Angeles, Californie).

Identifiant familial :	24772054
Appl. Non.:	06 / 690 333
Déposé :	10 janvier 1985
Classe américaine actuelle :	**361/231**; 244 / 158.1 ; 380/59 ; 89 / 1,11
Classe CPC actuelle :	F41G 7/224 (20130101); H05H 1/18 (20130101); H01Q 1/366 (20130101); F41H 13/0043 (20130101)
Classe internationale actuelle :	F41G 7/20 (20060101); F41H 13/00 (20060101); F41G 7/22 (20060101); H01Q 1/36 (20060101); H05H 1/18 (20060101); H05H 1/02 (20060101); H05B 006/64 (); H05C 003/00 (); H05H 001/46 ()
Domaine de recherche :	; 361/230.231 ; 244 / 158R ; 376/100 ; 89/1,11 ; 380/59

Autres références Liberté Magazine, (2/35) p. 7 N. Tesla. . New York Times (22/09/40) Section 2, p. 7 WL Laurence. . New York Times (8/12/15) p. 8 Col. 3 ...

Mac Donald ; Roderick W.

Réclamations

ladite résonance cyclotronique d'excitation de ladite région est poursuivie jusqu'à ce que la concentration en électrons de ladite région atteigne une valeur d'au moins 10 6 par centimètre cube et ait une énergie ionique d'au moins 2 EV. 2. Procédé selon la revendication 1 comprenant l'étape consistant à fournir des particules artificielles dans ladite au moins une région qui est excitée par ladite résonance cyclotronique d'électrons. 3. Procédé selon la revendication 2, dans lequel lesdites particules artificielles sont fournies par injection de celles-ci dans ladite au moins une région à partir d'un satellite en orbite. 4. Procédé selon la revendication 1, dans lequel ledit seuil d'excitation de résonance cyclotron électronique est d'environ 1 watt par centimètre cube et est suffisant pour provoquer le déplacement d'une région de plasma le long desdites lignes de champ magnétique divergentes à une altitude supérieure à l'altitude à laquelle ladite excitation a été initiée. . 5. Procédé selon la revendication 4, dans lequel ladite région de plasma croissante entraîne avec elle une partie substantielle de particules neutres de l'atmosphère existant au niveau ou au voisinage de ladite région de plasma. 6. Procédé selon la revendication 1, dans lequel ladite au moins une source séparée de second rayonnement électromagnétique est fournie, ledit second rayonnement ayant au moins une fréquence différente dudit premier rayonnement, qui entre en collision avec ledit au moins un second rayonnement pendant ledit passage de ladite région. à travers le cyclotron d'électrons d'excitation de résonance provoqués par ledit premier rayonnement. 7. Procédé selon la revendication 6, dans lequel ledit deuxième rayonnement a une fréquence qui est absorbée par ladite région. 8. Procédé selon la revendication 6, dans lequel ladite région de plasma dans ladite ionosphère et ledit deuxième rayonnement excitent des ondes de plasma dans ladite ionosphère. 9. Procédé selon la revendication 8, dans lequel ladite concentration d'électrons atteint une valeur d'au moins 10. Supp.12 par centimètre cube. 10. Procédé selon la revendication 8, dans lequel ladite excitation d'électrons par résonance cyclotronique est initialement réalisée à l'intérieur de ladite ionosphère et se poursuit pendant un temps suffisant pour permettre à ladite région de s'élever au-dessus de ladite ionosphère.

11. Procédé selon la revendication 1, dans lequel ladite excitation par résonance cyclotronique électronique est effectuée au-dessus d'environ 500 km et pendant une durée de 0,1 à 1200 seconde de sorte que le chauffage multiple de ladite région de plasma est réalisé par chauffage stochastique dans la magnétosphère.
12. Procédé selon la revendication 1, dans lequel ledit premier rayonnement électromagnétique est polarisé circulairement à droite dans l'hémisphère nord et polarisé circulairement à gauche dans l'hémisphère sud. 13. Procédé selon la revendication 1, dans lequel ledit premier rayonnement électromagnétique est généré à l'emplacement d'une source de carburant hydrocarbure naturelle, ladite source de carburant étant située à au moins l'une des latitudes magnétiques ou sud-nord. 14. Procédé selon la revendication 13, dans lequel ladite source de carburant est du gaz naturel et l'électricité pour générer ledit rayonnement électromagnétique est obtenue en brûlant ledit gaz naturel dans au moins l'un des générateurs électriques à turbine à gaz, à pile à combustible et électrodynamique magnétohydrodynamique EGD situés à l'emplacement où ledit gaz naturel se produit naturellement sur Terre. 15. Procédé selon la revendication 14, dans lequel ledit emplacement de gaz naturel se trouve dans des latitudes magnétiques englobant l'Alaska.

JOSÉ RUIZ WATZECK

Article du magazine Nature Geo Science

Les conditions géologiques locales, y compris les couches sédimentaires proches de la surface[1-4] et les caractéristiques topographiques[5-9], sont connues pour influencer de manière significative les mouvements du sol causés par les tremblements de terre. Les cartes de microzonage utilisent les conditions géologiques locales pour caractériser l'aléa sismique, mais intègrent généralement l'effet des seules couches sédimentaires[10-12]. La microzonation ne tient pas compte de la topographie locale, car une amplification topographique significative est supposée rare. Ici, nous montrons que, bien que l'étendue des dommages structurels lors du séisme de 2010 en Haïti soit principalement due à une mauvaise construction, l'amplification topographique a contribué de manière significative aux dommages dans le district de Pétionville, au sud du centre.

Port-au-Prince. Un grand nombre de structures importantes et relativement bien construites situées le long d'une crête de contrefort dans ce district ont subi de graves dommages ou se sont effondrées. À l'aide d'enregistrements de répliques, nous calculons la réponse du mouvement du sol à deux stations sismiques le long de la crête topographique et à deux stations dans la vallée adjacente. Les mouvements du sol sur la crête sont amplifiés par rapport aux deux sites de la vallée et à un site de référence en roche dure, et ne peuvent donc pas être expliqués par une amplification induite par les sédiments. Au lieu de cela, l'amplitude et les fréquences prédominantes du mouvement du sol indiquent l'amplification des ondes sismiques par une crête étroite et abrupte. Nous suggérons que les cartes de microzonation peuvent potentiellement être considérablement améliorées par l'incorporation d'effets topographiques.